一看就懂的图表科学书

千变万化的材料

[英]乔恩·理查兹 著　　[英]埃德·西姆金斯 绘　　梁秋婵 译

中国婦女出版社

目 录

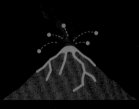

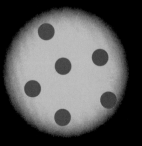
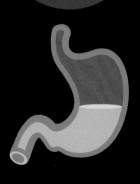

欢迎来到
信息图的世界！
运用图形和图画，信息图以全新的方式使知识更加生动形象！

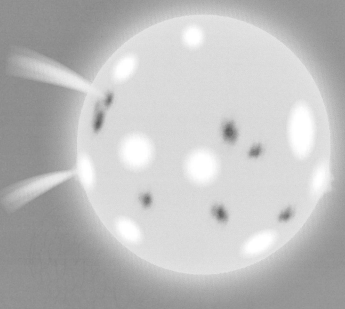

你会发现构成
大多数恒星的
物质以什么状
态存在。

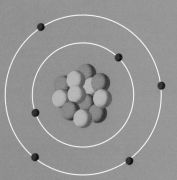

你可以了解构
成物质的原子
拥有什么样的
结构。

你能找出钻石坚
硬无比的原因。

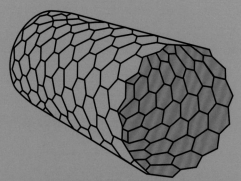

你会看到那些正在改变
世界的新材料。

原子和分子

原子是构成许许多多物质的微粒。无论是你小小的身体，还是天空中圆圆的月亮，都是由原子构成的。可以说，原子几乎构成了宇宙万物。

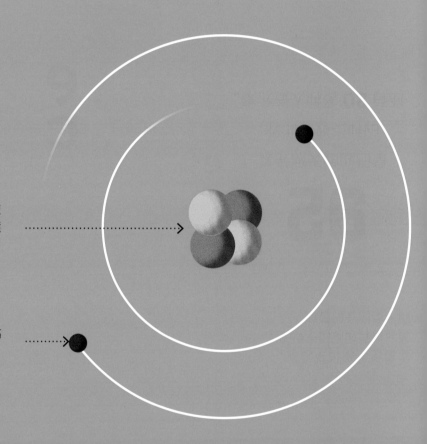

原子

原子由原子核以及绕原子核飞速运动的电子构成。

原子核

原子核位于原子的中心部位，它由更小的亚原子粒子构成。这些粒子是质子和中子。

电子

在原子中，电子在原子核的周围做高速运动。

 中子不带电　　 电子带负电荷　　 质子带正电荷

通常情况下，每个原子具有相同的质子数和电子数，因为正负电荷相等，所以原子不显电性。

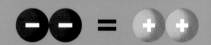

氦原子有 2 个电子和 2 个质子，正负电荷相等。

原子序数

原子序数等于原子核内的质子数，质子数决定元素的种类。例如，氢的原子序数是 1，质子数也是 1；碳有 6 个质子，所以原子序数为 6。

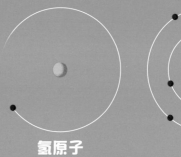

氢原子

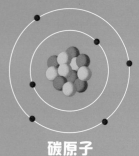

碳原子

元素

元素一般指化学元素，是对具有相同质子数的同一类原子的总称。

元素周期表

科学家们按原子序数从小到大的顺序，将所有的化学元素依次排在一张表中，它就是元素周期表。

H																	He
Li	Be											B	C	N	O	F	Ne
Na	Mg											Al	Si	P	S	Cl	Ar
K	Ca	Sc	Ti	V	Cr	Mn	Fe	Co	Ni	Cu	Zn	Ga	Ge	As	Se	Br	Kr
Rb	Sr	Y	Zr	Nb	Mo	Tc	Ru	Rh	Pd	Ag	Cd	In	Sn	Sb	Te	I	Xe
Cs	Ba		Hf	Ta	W	Re	Os	Ir	Pt	Au	Hg	Tl	Pb	Bi	Po	At	Rn
Fr	Ra		Rf	Db	Sg	Bh	Hs	Mt	Ds	Rg	Cn	Nh	Fl	Mc	Lv	Ts	Og

La	Ce	Pr	Nd	Pm	Sm	Eu	Gd	Tb	Dy	Ho	Er	Tm	Yb	Lu
Ac	Th	Pa	U	Np	Pu	Am	Cm	Bk	Cf	Es	Fm	Md	No	Lr

92

是已知的天然元素的种类数。此外，还有 **20** 多种人造元素。

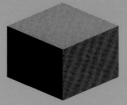

C
6

碳原子的元素符号是 C，原子序数是 6。

分子

分子由原子构成，这些原子可能是一种元素的，也可能是多种元素的。

氧气

1 个氧分子由 2 个氧原子构成，写作 O_2。

水

1 个水分子由 2 个氢原子和 1 个氧原子构成，写作 H_2O。

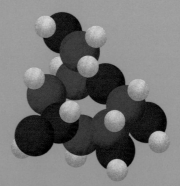

葡萄糖

1 个葡萄糖分子由 6 个碳原子、12 个氢原子和 6 个氧原子构成，写作 $C_6H_{12}O_6$。

固体

物质可能会以不同的形态存在。固体是固态的物质，具有一定的体积和形状，无法流动，如果受到的外力不太大，体积和形状改变很小。

显微镜下的固体

通过显微镜，可以看到固体是由小小的微粒构成的。这些微粒通过相互作用形成化学键，从而结合在一起。

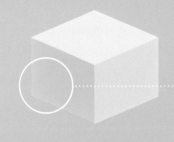

固体微粒之间的作用力非常大，使其不容易变形。

尽管微粒通过化学键结合得很紧密，可依然会不断振动。振动的强度是由微粒自身能量的大小决定的。

晶体

晶体是固体，由分子、原子、离子和原子团有规则地排列而成。例如，我们熟知的食盐的主要成分就是氯化钠（NaCl）晶体，它是由一个个正方体排列而成的。

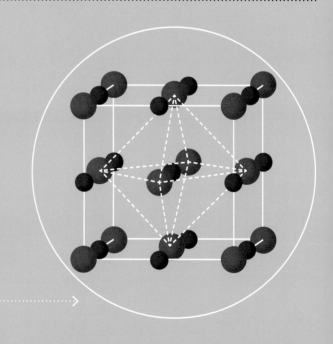

● 钠离子（Na^+）

● 氯离子（Cl^-）

金属

绝大多数金属都是固体，能构成金属的元素超过 70 种。金属的特征如下：

在室温下，绝大多数金属呈固态，个别呈液态，如汞（俗称水银，Hg）。

大部分金属为银白色，有光泽。

具有延展性，能被压成薄片，也能被拉成丝。

具有良好的导电性。

合金

金属与其他金属或非金属材料熔化后再合为一体，可以制成具有金属特性的物质，称为合金。

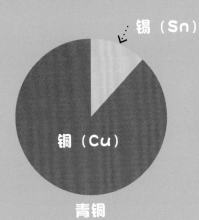 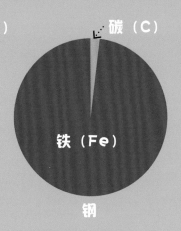 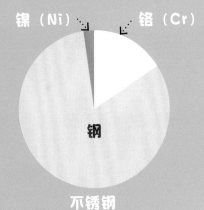

锡（Sn）   碳（C）   镍（Ni）   铬（Cr）

铜（Cu）   铁（Fe）   钢

青铜

以铜为主要原料的合金，有的含有一定比例（如 12%）的锡。

钢

碳和铁的合金（含碳量一般不高于 2%）。

不锈钢

有的含有铬和镍，可用来制作餐具和剪刀。

陶瓷

陶瓷是由黏土、沙子等原料烧制而成的固体材料。

陶瓷一般很硬，却易碎，多数不导电。

几千年来，陶瓷一直被用于制作锅碗盘盆等容器和其他器物。今天，它们还被广泛应用于电绝缘体、钢笔和汽车上。

碳元素

碳元素是一种令人惊叹的元素，它以不同形式广泛存在。它不仅能用来写字和画画，而且是构成所有生命体的基础，可谓世界上最重要的物质之一。

碳循环

在碳循环中，碳以多种形式出现在各个环节。它在大气中参与循环的主要形式是二氧化碳气体，人类和动物都会呼出这种气体，植物则可以吸收它并将其转化为葡萄糖。化石燃料中的碳元素主要来自数百万年前死去的动植物遗体。

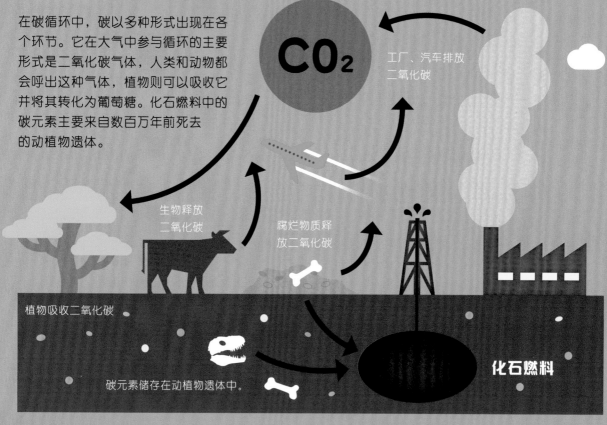

CO$_2$

工厂、汽车排放二氧化碳

生物释放二氧化碳

腐烂物质释放二氧化碳

植物吸收二氧化碳

碳元素储存在动植物遗体中。

化石燃料

铅笔

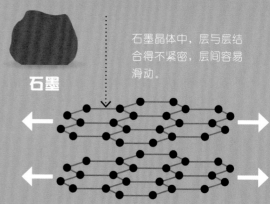

碳原子的排列方式不同，会形成不同的物质，石墨就是其中的一种。当石墨划过物体表面时，会留下微小的晶体，形成深灰色的线条。

铅笔笔芯能写字，就是因为含有石墨。

石墨

石墨晶体中，层与层结合得不紧密，层间容易滑动。

金刚石

碳在高温和巨大的压力下，会形成一种叫作金刚石的晶体。

金刚石可以被切割成闪闪发亮的钻石首饰。

钻石的重量单位是克拉。1 克拉等于 0.2 克。

世界上最大的未经加工的钻石是卡利南钻石，重达 **3 106** 克拉。

化石燃料

在一定条件下，动植物的遗体会变成化石燃料。千百年来，煤炭、石油、天然气等化石燃料一直为人类所使用。

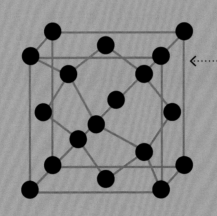

碳原子之间的强作用力使得金刚石成为地球上最坚硬的材料之一（见第 20—21 页）。

碳对地球上的生命至关重要，它是构成动植物体的基础。

每天，世界各地约有 **100 000 000** 桶石油被开采出来（1 桶约为 159 升）。

纳米碳材料

富勒烯和石墨烯都属于纳米碳材料。如果一些碳原子排列成微小的空心球状或管状，这样的原子簇就是富勒烯。如果碳原子构成一张薄片，它就是石墨烯。它的强度是钢的 200 倍，导电速度比铜还快，可被用来开发柔软、可弯曲的显示屏。运用这种材料，手机就可以像手表一样绕在手腕上戴起来。

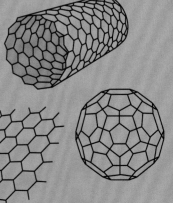

液体

液体是液态的物质，可以流动，没有确定的形状，装它的容器的内部是什么形状，它就是什么形状。但它有一定的体积，很难被压缩。

显微镜下的液体

通过显微镜可以看到，液体是由小小的分子构成的。液体分子间作用力比较小。与固体分子相比，液体分子动起来更自由。

花粉颗粒

布朗运动

1827 年，科学家罗伯特·布朗注意到水中的花粉颗粒在移动，便去研究它们，但没能弄清它们为什么会这样移动。实际上，花粉颗粒是由于受到水分子的撞击，而做无规则运动。这种运动后来被叫作布朗运动。

水分子

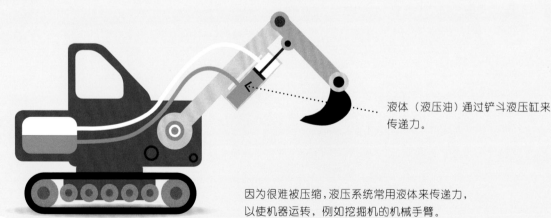

液体（液压油）通过铲斗液压缸来传递力。

因为很难被压缩，液压系统常用液体来传递力，以使机器运转，例如挖掘机的机械手臂。

内聚力

内聚力是指同一物质内相邻分子间的吸引力。液体分子间的这种吸引力，大于它们与空气分子间的吸引力，这会使液体接触空气的部分产生表面张力，形成一个表面层。

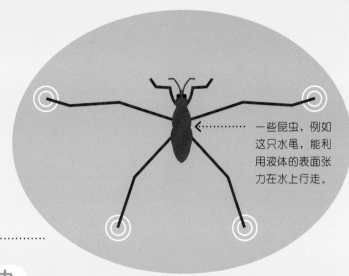

一些昆虫，例如这只水黾，能利用液体的表面张力在水上行走。

附着力

附着力发生在不同材料的分子之间。在液体与容器内壁接触的地方，两者的分子相互吸引，使液面略微弯曲，形成弯月面。

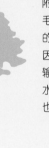

弯月面

水

试管

附着力会导致毛细现象。这通常会使毛细管插进液体时，管内液面比管外的高。树木里有类似毛细管的结构，因此能帮助它将根系汲取的水分向上输送。世界上最高的树也是这样输送水分的，即使它的高度超过 100 米，也没问题。

100米

沥青滴漏实验可谓世界上持续时间最长的几个实验之一。这项实验记录了极黏稠的液体（如沥青）形成液滴所需的时间。澳大利亚布里斯班的沥青滴漏实验始于 1927 年，到 2014 年共滴落了 9 滴。

黏度

液体流动的难易程度称为黏度。水的黏度低，容易流动，而蜂蜜的黏度高，流动就比较缓慢。

蜂蜜

水

水

水是地球上最常见的一种液体，也是唯一一种能在大自然中以液态、固态和气态存在的物质。

水循环

地球上的水可以从一种状态转化为另一种状态，并在全球范围内不断循环。

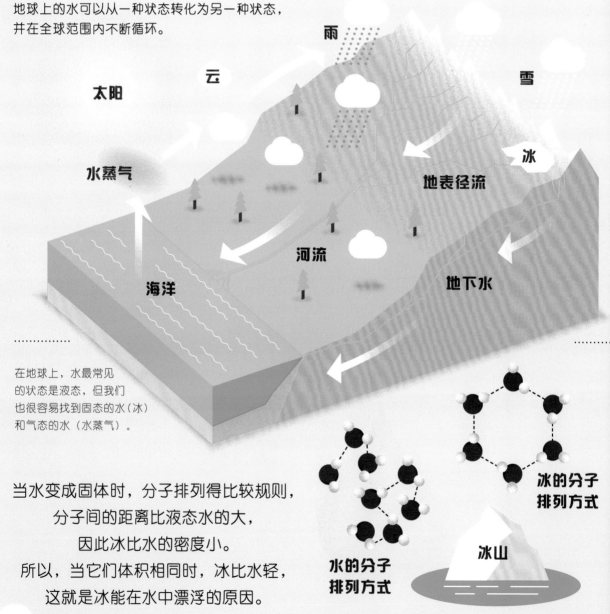

云

雨

太阳

雪

水蒸气

冰

地表径流

河流

海洋

地下水

在地球上，水最常见的状态是液态，但我们也很容易找到固态的水（冰）和气态的水（水蒸气）。

冰的分子排列方式

水的分子排列方式

冰山

当水变成固体时，分子排列得比较规则，分子间的距离比液态水的大，因此冰比水的密度小。所以，当它们体积相同时，冰比水轻，这就是冰能在水中漂浮的原因。

水对生命至关重要

75%
在一棵树中，水约占 75%。

70%
地球表面约 70% 的面积被水覆盖。

60%
在一个成年人的体重中，水的占比通常超过 60%。

200 000 000 升
地球上的农作物每秒约消耗 200 000 000 升水。

冰

当水结成冰时，它的体积大约会膨胀 9%。这足以把充满水的水管撑裂。

水

地球上的水的总量不会改变，这意味着我们现在喝的水就是 6600 多万年前恐龙们喝的水。

众所周知，海洋中的水是咸的。

每升海水约含有 35 克矿物质。

气体和等离子体

与固体和液体都不同的是，气体没有一定的体积，可以自发充满任何容器。气体可膨胀。膨胀时，气体分子间的距离会越来越远。

显微镜下的气体

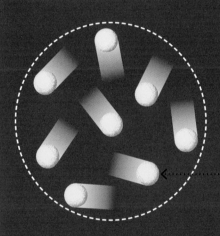

通过显微镜可以看到，气体是由一个个分子构成的。气体分子间的距离较大，彼此间的作用力较小，因此分子可以自由运动。

气体能充满容纳它们的容器，也能被压缩。

空气中各成分的体积所占比例

氮气**78%**

氧气21%

氩气 0.93%

二氧化碳 0.03%

其他成分（包括氖气、氦气、氪气等）0.04%

空气中大约包含 15 种气体。

大气是包围地球的空气层，厚度在 1 000 千米以上。其中离地面越远的地方，空气越稀薄。

500千米

450千米

往气球里填充六氟化钨，气球就会像石头一样重重坠落。

往气球里填充氢气或氦气，气球会往上升。

400千米

一些气体，如氢气（见第14—15页）和氦气，密度比空气要小。

六氟化钨可能是常温常压条件下最重的气体，它的重量约为同等体积空气的10倍。

350千米

300千米

气体可以被压缩到狭小的空间里。给自行车的轮胎打气，会使更多的空气进入轮胎，于是轮胎内部的气压增大，轮胎变硬，让车骑起来更省力。

250千米

充足气的轮胎

充气不足的轮胎

200千米

150千米

等离子体

等离子体是由离子、电子及中性粒子组成的高能量物质，整体呈电中性。等离子体虽与气体相似，却又不完全相同，所以等离子态有物质第四态之称。

恒星和灯饰工艺品等离子球里，都存在着等离子体。

100千米

50千米

氢元素

氢元素具有神奇的特性，是宇宙中极为重要的元素之一。

氢元素是宇宙中含量最多的元素，约占宇宙质量的 75%。

75% ‹┄┄┄ **氢元素**

太阳核心

在太阳核心的深处，巨大的压力和超高的温度将氢原子聚合在一起，形成氦原子。这个过程会释放出巨大的能量，并以光和热的形式被我们感知。

太阳

氦原子

光和热

氢原子

中子

科学家们认为，宇宙中所有其他元素都是由氢原子或其他由氢原子聚合形成的元素聚合而成的。

两个氢原子结合，构成一个氢气分子。氢气是一种无色、无味的气体。

1937 年 5 月 6 日，德国的"兴登堡号"飞艇在美国新泽西州的莱克赫斯特即将着陆时突然起火，事故造成 36 人死亡（其中 35 人在飞艇上，1 人在地面上）。

因为氢燃料电池使用后的产物只有水，所以它被视为石油等化石燃料的无污染替代品。

氢气被用作发射火箭的燃料。

氢元素是唯一一种原子核内可以没有中子的元素。

熔化和凝固

改变温度，可以让物质从一种形态转化为另一种形态。从固态转化成液态的过程叫作熔化，从液态转化为固态的过程叫作凝固。

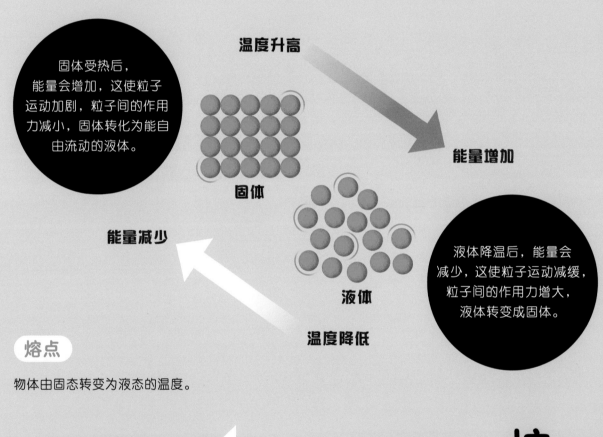

固体受热后，能量会增加，这使粒子运动加剧，粒子间的作用力减小，固体转化为能自由流动的液体。

温度升高

能量增加

固体

液体

能量减少

温度降低

液体降温后，能量会减少，这使粒子运动减缓，粒子间的作用力增大，液体转变成固体。

熔点

物体由固态转变为液态的温度。

熔

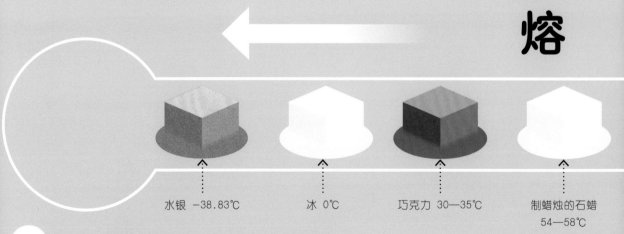

水银 −38.83℃

冰 0℃

巧克力 30—35℃

制蜡烛的石蜡 54—58℃

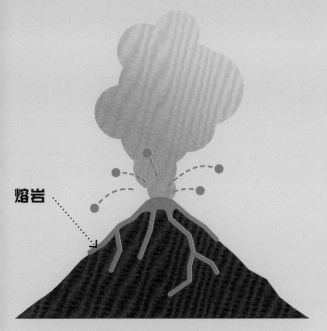

熔岩

在地表之下的深处，被加热到熔化的岩石形成液态的岩浆。火山喷发时会将岩浆带到地表，而这种喷发出来的高温岩浆就被称为熔岩。

700—1250℃

火山岩浆的温度

融化的冰川

全球气温的变化对冰川有很大的影响。科学家们预测，如果全球变暖持续下去，那么到 2040 年，北极将出现夏季无冰的状况。

1981—2010 年
北极冰川
大致范围

2016 年的
北极冰川

大多数物质的熔点与凝固点相同，
而琼脂在 **85℃** 熔化，在 **31—40℃** 之间凝固。

点

铅 327℃

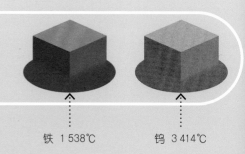

铁 1 538℃

钨 3 414℃

汽化和液化

物质从液态向气态转化的过程叫作汽化，从气态向液态转化的过程叫作液化。

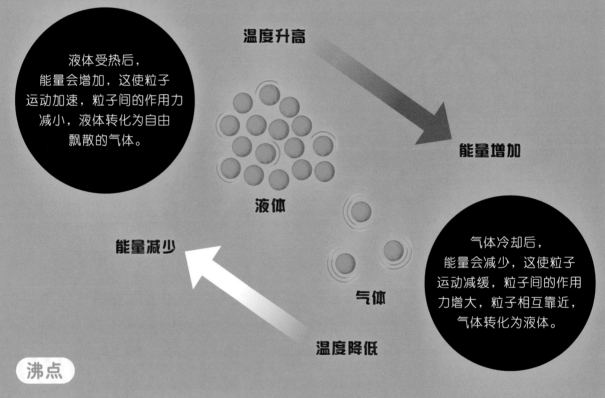

液体受热后，能量会增加，这使粒子运动加速，粒子间的作用力减小，液体转化为自由飘散的气体。

温度升高

能量增加

液体

能量减少

气体

温度降低

气体冷却后，能量会减少，这使粒子运动减缓，粒子间的作用力增大，粒子相互靠近，气体转化为液体。

沸点

液体沸腾时的温度。液体沸腾时会被汽化。

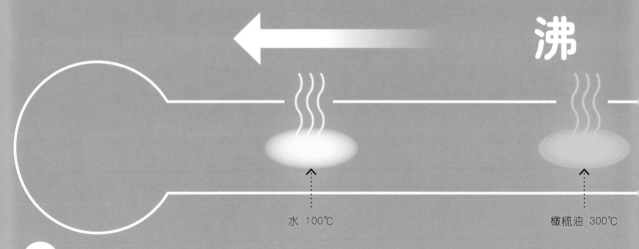

沸

水 100℃

橄榄油 300℃

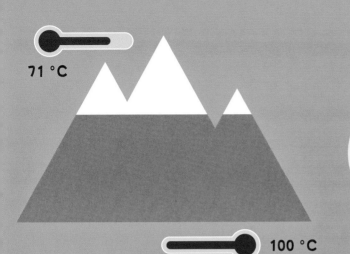

71 °C

100 °C

升华

有些化学物质未经过熔化成液体的过程，就直接从固体转化为气体，这个过程叫作升华。能升华的化学物质包括砷、碘和二氧化碳等。在 −78.5℃，固态的二氧化碳（干冰）就可以直接升华成气态。

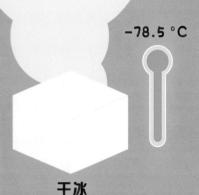

−78.5 °C

干冰

气压的影响

物体的沸点会随气压的变化而变化。例如，在珠穆朗玛峰峰顶（8 848.86 米），由于气压较低，水的沸点会降至约 71℃。

盐水的沸点

往水里加盐，可以使水的沸点从100℃上升到102℃。比起纯净水，盐水升温更快，沸腾也更快。

露

水蒸气遇冷，凝结成小液滴。它们若飘浮在空中，会形成云；若落在物体表面，则成为露水。

点

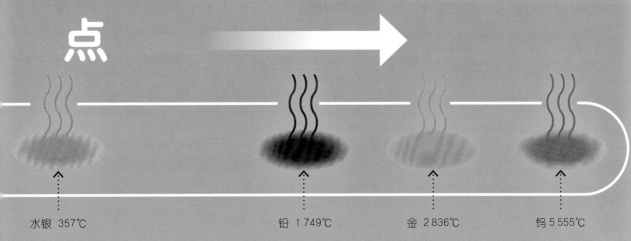

水银 357℃   铅 1 749℃   金 2 836℃   钨 5 555℃

坚硬和柔软

不同的材料有不同的性质。它们的外观和触感可能不尽相同，用途也可能各不一样。科学家们运用硬度来衡量材料的软硬程度。

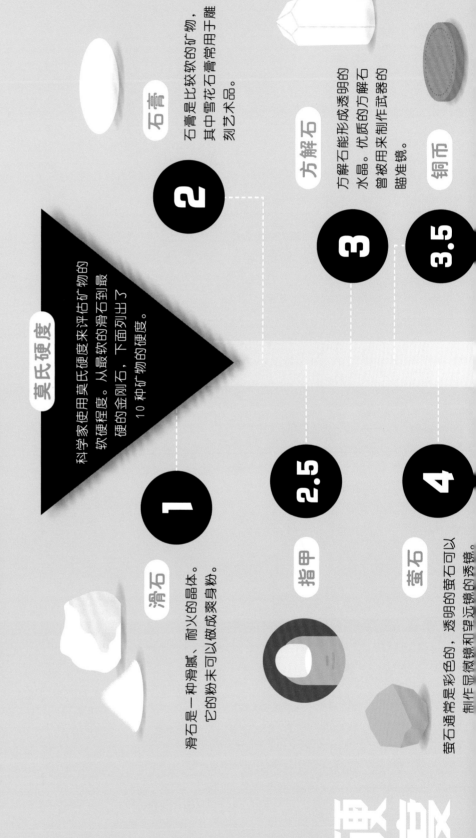

莫氏硬度

科学家使用莫氏硬度来评估矿物的软硬程度。从最软的滑石到最硬的金刚石，下面列出了10种矿物的硬度。

1 滑石

滑石是一种滑腻、耐火的晶体。它的粉末可以做成爽身粉。

2 石膏

石膏是比较软的矿物，其中雪花石膏常用于雕刻艺术品。

2.5 指甲

3 方解石

方解石能形成透明的水晶。优质的方解石曾被用来制作武器的瞄准镜。

3.5 铜币

4 萤石

萤石通常是彩色的，透明的萤石可以制作显微镜和望远镜的透镜。

硬度

刀

5.5

石英

7

石英是一种常见的晶体，紫水晶就是石英的一种。

水泥钻头

8.5

金刚石

10

金刚石的硬度约是刚玉的 4 倍。它不仅能被制成珠宝首饰，也能用来做切割工具和钻头。

5

磷灰石

磷灰石可以用来提取磷，也可以用来制造肥料。

6

正长石

正长石可以用于制造玻璃和瓷器。一种叫月光石的宝石也含有正长石。

8

黄玉

黄玉通常是无色的，但也可能是蓝色、黄色的。

9

刚玉

刚玉是一种氧化铝（Al_2O_3）矿物。纯净的刚玉是澄澈透明的，但含有少量的铬会呈现红色，即红宝石，含有少量的铁和钛则会呈现蓝色，即蓝宝石。

纤锌矿型氮化硼

这种物质实际上比金刚石还要坚硬。它是在火山喷发时的高温和高压条件下形成的，因此在自然界中非常稀有。

逐渐增加

塑性和弹性

弯曲和拉伸后，材料会恢复原形，还是会变成新的形状？人们可以根据材料受到外力时的变化，来给它们分类。

弹性变形

材料在外力作用下变形，去除外力后又会恢复原状，这样的变形被称为弹性变形。

橡皮球

塑性变形

材料在外力作用下变形，去除外力后不能恢复原状，这样的变形被称为塑性变形。

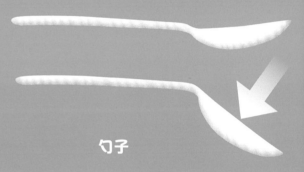

勺子

弹性

一根钢棒可以拉伸的长度，大约是它原本长度的 0.01 倍。

天然橡胶拉伸后的长度可达到它原本长度的 **5—6** 倍。

科学家们发明的一种水凝胶，可以拉伸到其原本长度的 **20** 倍。

×20

当具有弹性的物体被拉伸时，它们会储存势能；被松开后，这种能量就转化成动能。弹弓能射出弹丸就是这个道理。

用橡皮筋勒住弹丸，再用力向后拉。

松开橡皮筋时，橡皮筋的弹性使它恢复原先的形状，并将弹丸射了出去。

玻璃

有些材料很容易碎，例如玻璃。然而，当玻璃被加热到很高的温度时，它就可以很容易地改变形状。几千年来，人们一直利用这个原理来制造各种各样的玻璃器具。

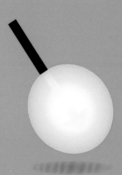

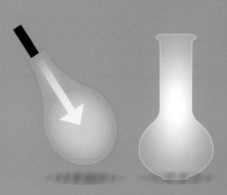

向炽热的玻璃中吹气，就会在玻璃内形成一个中空的腔室。花瓶、酒瓶和水杯等都能通过这种方法制造出来。

塑性材料变形后不易断裂，易于成型成模，因此被用于制作成千上万种物品：从水瓶到玩具再到工业部件，都离不开塑性材料。塑料是常见的塑性材料，主要有以下两种类型：

热塑性塑料

能被重复地加热熔化并冷却成型的塑料，包括：

聚乙烯

用于制造塑料瓶、塑料袋和保鲜膜等。

聚苯乙烯

用于制造玩具、包装盒、包装袋和一些容器。

聚丙烯

用于制造医疗器械、塑料椅和厨房用具等。

热固性塑料

只能一次性加热熔化、冷却成型的塑料，包括：

环氧树脂

用于制造胶水、涂料等。

三聚氰胺甲醛树脂

用于制造工作台、餐具和电绝缘材料等。

脲甲醛树脂

用于制造电器零件、把手和旋钮等。

酸和碱

人们可以根据液体的酸碱性来给它们分类。用 pH 比色卡可以判断液体的酸碱性。小于 7 的一端为酸性，大于 7 的一端为碱性。酸性或碱性太强的液体可能会非常危险，但它们在日常生产、生活中有很多用途，在维持我们的生命方面也起着十分重要的作用。

酸碱度

酸或碱的强度是用 pH 来衡量的。pH 的范围在 0 到 14 之间，越接近 0，酸性越强；越接近 14，碱性越强；7 则代表中性。

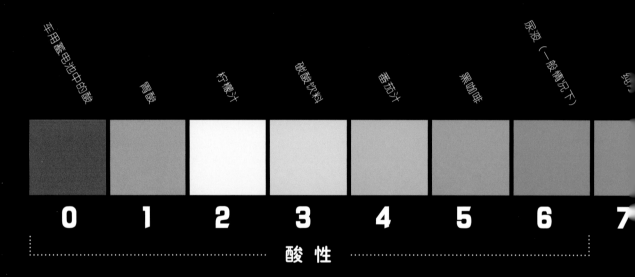

车用蓄电池中的酸	胃酸	柠檬汁	碳酸饮料	番茄汁	黑咖啡	尿液（一般情况下）	
0	**1**	**2**	**3**	**4**	**5**	**6**	**7**

酸 性

酸碱指示剂

科学家使用特殊的试剂来检测一种物质是酸性还是碱性。pH 试纸上就有这种试剂，它遇到强酸会变成红色，遇到强碱则会变成深紫色。

日常摄入的酸

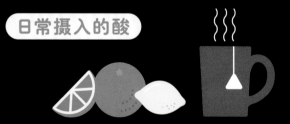

碳酸饮料含有**碳酸**，茶叶含有**鞣酸**，柑橘类水果（例如橙子和柠檬）含有**柠檬酸**，醋则含有**乙酸**。

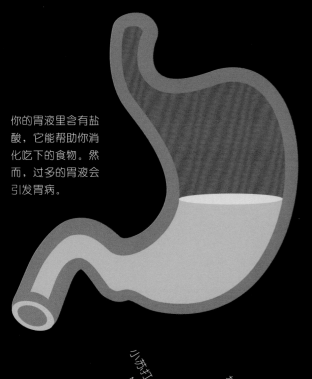

你的胃液里含有盐酸，它能帮助你消化吃下的食物。然而，过多的胃液会引发胃病。

中和反应

把酸和碱混合在一起会发生反应，生成盐和水，这种反应叫中和反应。例如，将氢氧化钠和盐酸混合在一起可以生成氯化钠和水。氯化钠就是我们熟悉的食盐的主要成分。

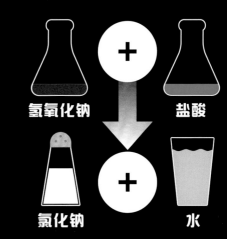

氢氧化钠　＋　盐酸

氯化钠　＋　水

海水	小苏打（碳酸氢钠，$NaHCO_3$）溶液	抗酸药（中和胃酸的药）	肥皂水	氨水	漂白剂	管道疏通剂
8	**9**	**10**	**11**	**12**	**13**	**14**

碱 性

农民在田里撒上生石灰（主要成分是氧化钙，CaO），能中和酸性土，促使庄稼长得更好。人们还常用熟石灰[氢氧化钙，$Ca(OH)_2$]中和工业废水中的酸。

常见的碱还有：

油污清洁剂中的氢氧化钠。

混合物和复合材料

如果两种或两种以上的物质混合在一起，并且不发生化学反应，就形成了混合物。有些混合物可以成为更加有用的新材料。

溶液

有些物质遇水后会溶解。它们看起来像是消失了，但其实是溶化在水中，形成了该物质的水溶液。

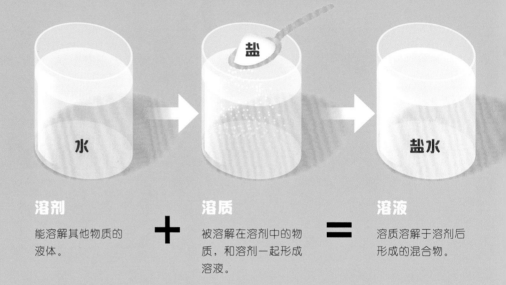

溶剂
能溶解其他物质的液体。

+

溶质
被溶解在溶剂中的物质，和溶剂一起形成溶液。

=

溶液
溶质溶解于溶剂后形成的混合物。

分离

混合在一起的物质可以通过一些方法分离。所用的方法取决于各种物质的性质以及它们的混合方式。

过滤

把溶液中不能溶解的物质分离出去，可以用过滤的方法。比如，将混合物倒入装有滤纸的漏斗中。

滤纸　**混合物**

过滤所得固体

液体被过滤出来

蒸发

要把可溶解的物质从溶液中分离出来，可以用蒸发方法，但溶质的沸点应高于溶剂。在加热的过程中，溶剂不断蒸发，最后只有溶质留在容器中。

混合物

液体蒸发

蒸发所得固体

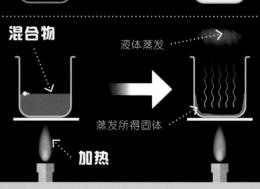

加热

固体颗粒分散在液体中。

悬浊液

悬浊液（悬浮液）是固体分散于液体里形成的混合物。在悬浊液中，固体的颗粒分散在液体中，静置一段时间，这些颗粒就会沉淀下来。这时它就不是悬浊液了。

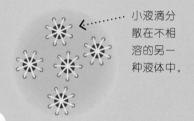

小液滴分散在不相溶的另一种液体中。

乳浊液

两种不相溶的液体形成的混合物叫乳浊液。例如，当摇动油和水的混合液时，油滴会在水中分散，这时形成的混合物就是乳浊液。放置片刻水油分层后，它就不再是乳浊液了。

离心分离

离心法用于分离悬浊液中的固体颗粒。通过快速旋转把固体颗粒"甩"到容器的底部，就能很容易地将其从液体中分离出来。

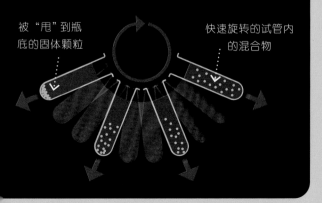

被"甩"到瓶底的固体颗粒

快速旋转的试管内的混合物

复合材料

复合材料是由两种或两种以上的不同物质结合形成的一种新的材料。与复合前的材料相比，复合材料的性能往往更优越。

混凝土

混凝土由水泥、沙子、石子和水按比例混合而成。刚搅拌均匀时，它可以像液体一样流动，但变硬之后，会像岩石般坚硬。

混凝土通常含有

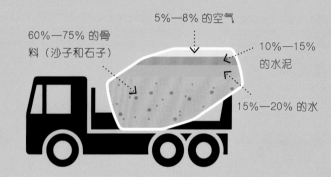

60%—75% 的骨料（沙子和石子）

5%—8% 的空气

10%—15% 的水泥

15%—20% 的水

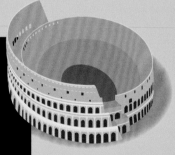

大约在 **2 000** 年前，罗马人就已经学会使用混凝土建造宏伟的建筑物了，万神殿和罗马大角斗场就使用了这种材料。

碳纤维

碳纤维主要由碳元素构成，可用于制作新型复合材料。碳纤维被放入树脂等材料中，可制成轻且坚固的复合材料。这种材料应用广泛，是制造汽车、轮船等交通工具的优质材料。

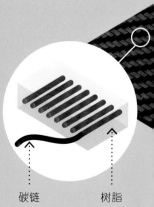

碳链

树脂

27

等离子体

由离子、电子及中性粒子组成的高能量物质，整体呈电中性。宇宙中的大部分物质都是以等离子体的形式存在的。

电子

构成原子的基本粒子，带负电，在原子中绕原子核运动。

分子

物质中能独立存在并保持其化学性质的最小微粒，由原子构成。

固体

一类物质，分子间的作用力比较大，有固定的形状和体积。

合金

由一种金属与其他金属或非金属熔化后合在一起制成的物质，有金属特性。

化石燃料

由埋在地层中的动植物遗体等生成的各类可燃矿物，如煤、石油和天然气。

碱

化学中对一类物质的统称，溶液具有涩味，能使石蕊试纸变蓝，与酸中和后能生成盐和水。

金属

一类具有光泽，易导电、导热的物质，有延展性。在室温下，大多数金属是固体。

晶体

由结晶物质构成的一类固体，其原子、离子或分子按照一定空间次序排列，具有规则的外形。

矿物

一般是在地质作用下自然产生的，具有特定化学成分，内部粒子排列有序的一类物质。

pH

表示溶液酸碱度的数值。

汽化

物质从液态转化为气态的过程。

气体

一类物质，分子间的作用力很小，它们没有一定的形状和体积，可以流动。

升华

固态物质不经过液态阶段而直接转化为气态的过程。

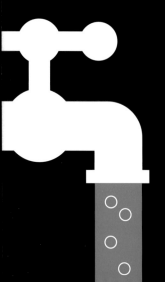

水蒸气

气态的水。由液态水的沸腾或蒸发产生，也可由冰升华产生。

塑性变形

固体在外力作用下改变形状，去除外力后不能恢复原状的永久变形。

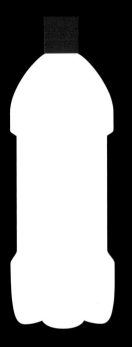

酸

化学中对一类物质的统称，溶液具有酸味，能使石蕊试纸变红，可以中和碱，也可以溶解一些物质。

弹性

固体的一种特性；在外力作用下变形，除去外力后，变形随即消失。

陶瓷

一类非金属固体材料，由黏土、沙子等原料混合、烧制而成，耐酸碱，多数不导电。

微粒

极细小的颗粒，包括分子、原子、离子等。

压缩

用压力使物质的体积缩小。气体容易被压缩，固体和液体很难被压缩。

亚原子粒子

比原子小的粒子，如质子、中子、电子、光子、介子等。

盐

由金属离子（或铵根离子）和酸根离子组成的一类物质，可通过酸碱中和反应获得，如食盐的主要成分氯化钠（NaCl）。

液化

物质从气态转化为液态的过程。

液体

一类物质，分子间的作用力比较小，有一定的体积，但没有一定的形状，可以流动。

元素

一般指化学元素，是对具有相同质子数的一类原子的总称。

原子

原子是化学反应的基本单位，由原子核（含质子、中子）和电子构成。

原子核

原子的核心部分，由带正电的质子和不带电的中子紧密结合而成。

质子

构成原子核的粒子之一，带正电荷。

中子

构成原子核的粒子之一，不带电。

注：本书地图插图系原版书插附地图。

SCIENCE IN INFOGRAPHICS: MATERIALS
Written by Jon Richards and illustrated by Ed Simkins
First published in English in 2017 by Wayland
Copyright © Wayland, 2017
This edition arranged through CA-LINK International LLC
Simplified Chinese edition copyright © 2022 by BEIJING QIANQIU ZHIYE PUBLISHING CO., LTD.
All rights reserved.

著作权合同登记号　图字：01-2021-3133

审图号：GS(2021)3349号

图书在版编目（CIP）数据

千变万化的材料 ／（英）乔恩·理查兹著 ；（英）埃
德·西姆金斯绘 ；梁秋婵译. —— 北京 ：中国妇女出版
社，2022.3
（一看就懂的图表科学书）
ISBN 978-7-5127-2116-6

Ⅰ．①千… Ⅱ．①乔… ②埃… ③梁… Ⅲ．①材料科
学－普及读物 Ⅳ．①TB3-49

中国版本图书馆CIP数据核字(2022)第011728号

责任编辑： 王　琳
封面设计： 秋千童书设计中心
责任印制： 李志国

出版发行： 中国妇女出版社
地　　址： 北京市东城区史家胡同甲24号　　邮政编码：100010
电　　话： （010）65133160（发行部）　　65133161（邮购）
邮　　箱： zgfncbs@womenbooks.cn
法律顾问： 北京市道可特律师事务所
经　　销： 各地新华书店
印　　刷： 北京启航东方印刷有限公司
开　　本： 185mm×260mm　1/16
印　　张： 2
字　　数： 36千字
版　　次： 2022年3月第1版　2022年3月第1次印刷
定　　价： 108.00元（全六册）

如有印装错误，请与发行部联系